옷으로
나를 가장 빛나게 하는
3가지 방법

박혜원 지음

박혜원

2006년 수원에서 태어난 박혜원은 어린 시절부터 패션에 대한 놀라운 감각과 열정을 보였습니다. 그녀의 재능은 다수의 미술대회에서 수상하며 빛을 발하게 되었고, 그로 인해 그녀는 패션디자이너라는 꿈을 키우게 되었습니다. 대학 진학을 준비하던 중, 박혜원은 자신의 지식과 경험을 다른 이들과 공유하고자 '옷으로 나를 가장 빛나게 하는 3가지 방법'이라는 책을 집필하기 시작했습니다. 그녀의 패션에 대한 철학은 다수의 온라인 패션쇼를 기획하고 참여하며 현실화되었습니다. 이 책을 통해 박혜원은 독자들에게 그녀만의 독특한 스타일링 팁과 비법을 제공하며, 모든 이가 자신만의 스타일로 빛날 수 있음을 깨닫게 해줍니다.

시작하며

우리가 옷을 입는다는 것은 인간에 삶에 있어 무엇보다 중요한 부분입니다. 몸을 보호하기 위한 목적이기도 하지만, 어떤 옷을 입고 어떤 스타일로 연출하는지에 따라 보이는 내 모습이 달라 보이기도 하기 때문입니다. 또 그것은 나만이 가질 수 있고 표현할 수 있는 자신감이라고 해도 될 만큼 우리 일상에서 큰 비중을 차지하고 있습니다.

이 책은 나에게 잘 어울리는 옷을 찾고 다양하게 코디하는 방법, 그리고 다양한 종류의 브랜드를 소개하는 데에 중점을 두고 있습니다. 평소 옷을 입는 일에 있어 어려움을 느끼고 늘 어떻게 입어야 할지, 무엇을 입어야 할지 고민이 되거나 단점은 가리면서 장점을 극대화해 자신만의 개성이 잘 드러나도록 옷을 입고 싶은 분들에게 조금이나마 도움이 되었으면 합니다.

CONTENTS

제1장

퍼스널 컬러
(Personal Color)

Personal
Color

1) 퍼스널 컬러 (Personal Color) 란

퍼스널 컬러(Personal Color)란, 개인의 피부색, 머리카락색, 눈동자 색상 등을 고려하여 그 사람에게 가장 어울리는 색을 찾는 색채학 이론입니다.

누구나 어떤 색상이든 잘 어울릴 수 있지만, 각각의 개인은 자신의 피부톤이나 머리색상 등에 따른 퍼스널 컬러 분석을 통해, 어떤 색상이 본인에게 가장 잘 맞는지 대한 판단을 내릴 수 있습니다. 자신의 퍼스널 컬러를 고려하여 의상이나 액세서리를 선택한다면, 본인의 매력을 높이는 데 큰 도움이 되며 얼굴 톤이 밝아질 수 있습니다. 이와 반대로, 본인과 맞지 않는 색상의 옷을 선택한다면 피부가 칙칙해 보인다거나 얼굴이 커 보이는 현상이 나타날 수 있습니다.

2) 퍼스널 컬러의 종류

퍼스널 컬러의 종류에는 봄웜톤, 가을웜톤, 여름쿨톤, 겨울쿨톤 이렇게 총 네가지가 있습니다.

봄웜톤

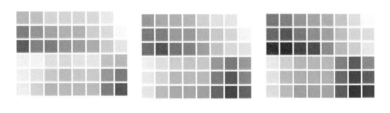

라이트　　　　　　브라이트　　　　　　비비드

가을웜톤

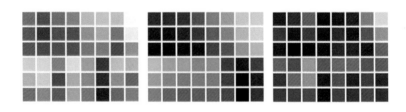

라이트　　　　　　쿨뮤트　　　　　　소프트

여름쿨톤

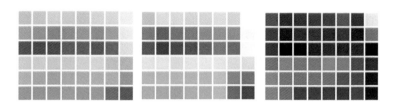

쿨뮤트   라이트   소프트

겨울쿨톤

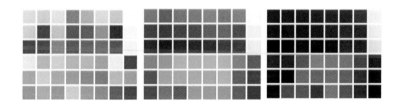

클리어톤   브라이트톤   딥톤

3) 퍼스널 컬러를 찾는 방법

퍼스널 컬러를 찾는 방법에는 크게 두 가지 방법이 있습니다. 전문가에게 분석 받는 방법과 스스로 찾는 방법이 있습니다.

전문가에게 분석 받는 방법은 간단합니다. 메이크업 스튜디오를 방문해서 전문가와 함께 다양한 컬러 패브릭을 이용하여 자신에게 가장 잘 맞는 퍼스널 컬러를 찾는 방법입니다.

스스로 찾는 방법에는 두 가지 방법이 있습니다. 첫번째 방법으로는 본인의 피부톤과 헤어컬러 색상을 고려하여 몇 가지 색상 매칭을 시도해보면서 어떤 색상이 자신에게 잘 맞는지를 찾아내는 방법이 있으며, 두번째로는 애플리케이션을 사용해서 찾는 방법입니다. 어플을 이용하면 쉽고 빠르게 퍼스널 두 가지 진단이 가능합니다. 다음페이지에 있는 진단 색상표를 이용하여 진단해보세요. 얼굴 가까이 책을 댄 뒤 피부가 밝아 보이거나 자신에게 어울릴 것 같은 색상을 골라주세요.

   (1) 첫번째는 쿨톤인지 웜톤인지 확인할 수 있는 단계입니다. 위쪽 색상이 더 잘 어울리는지 아래쪽 색상이 더 잘 어울리는지 세어주세요.

4번

위쪽이 많이 나왔다면 웜톤, 아래쪽이 많이 나왔다면 쿨톤 입니다.

(1) 다음은 봄웜톤인지 가을웜톤인지 여름쿨톤인지 겨울쿨톤인지 확인하는 단계입니다. 웜톤은 다음페이지로, 쿨톤은 23페이지로 가주세요.

2번

4번

가장 잘 어울리는 팔레트 번호에 맞게 자신의 퍼스널 컬러를 확인해보세요.

1번- 여름쿨톤 쿨뮤트, 라이트

2번- 여름쿨톤 소프트

3번- 겨울쿨톤 클리어

4번- 겨울쿨톤 브라이트

5번- 겨울쿨톤 딥톤

2번

4번

가장 잘 어울리는 팔레트 번호에 맞게 자신의 퍼스널 컬러를
확인해보세요.

1번- 가을웜톤 라이트

2번- 가을웜톤 쿨뮤트

3번- 가을웜톤 소프트

4번- 봄웜톤 라이트, 브라이트

5번- 봄웜톤 비비드

4) 퍼스널 컬러 별 코디 추천

퍼스널 컬러는 메이크업에서도 중요한 요소이지만, 옷을 입는 데에 있어서도 빼놓으면 안 되는 요소입니다. 그 이유는, 옷의 색상에 따라서 체형이나 피부 톤이 확연히 달라 보일 수 있기 때문입니다. 자신의 퍼스널 컬러를 정확히 알고 있으면, 옷을 고를 때 자신에게 잘 어울리는 색상의 옷을 더욱 빠르고 정확하게 선택할 수 있습니다.

1. 봄웜톤 (라이트 & 브라이트)

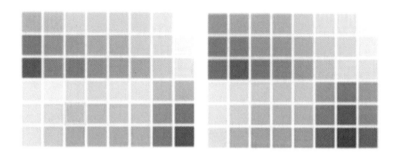

봄웜톤 컬러 중에서도 라이트, 브라이트 색상은 대체로 명도가 높으므로 명도가 낮은 색상의 옷을 입으면 피부의 잡티가 도드라져 보이거나 칙칙해 보일 수 있습니다. 따라서 어둡고 채도가 너무 높은 색상의 옷은 피하고 흰색이 섞인 파스텔 톤의 부드러운 색상의 옷으로 스타일링 하는 것을 추천합니다.

그럼 지금부터 다양한 봄웜톤의 라이트, 브라이트 색상의 옷들로 연출한 룩을 소개해보겠습니다.

여성

첫 번째 룩은 베이지색 와이드 슬랙스에 셔츠를 매치한 후 파스텔 톤의 그린컬러 숄더백으로 포인트를 주었고, 슈즈 역시 옷 컬러와 같은 톤의 색상으로 매치해 포멀함과 캐주얼함을 동시에 믹스하여 편안한 룩을 연출하였습니다.

다음 룩으로는 연핑크생 반소매 크롭 티셔츠에 화이트 카고 팬츠를 매치하고 하늘색 가방으로 포인트를 줬습니다.

세번째 룩은 하늘색의 크롭니트와 하얀색 미니스커트, 레그워
머, 운동화까지 매치를 해줬고 마지막으로 하늘색 크로스백도
함께 매치하여 걸리시한 룩을 연출했습니다.

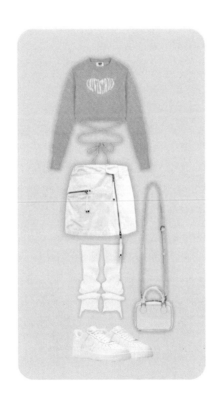

마지막 룩은 상의로 라임그린 색상의 캐시미어 터틀넥 니트에 블랙 데님 팬츠를, 아우터로는 베이지 색상의 코트에 검은색 토트백, 녹색의 머플러를 매치해 기본적이지만 깔끔한 룩을 연출해보았습니다. 옷을 입을 때는 자신의 얼굴에 가까운 옷의 색상을 신경 써서 입는 것이 그렇지 않은 것보다 훨씬 더 자신의 매력이 돋보이게 할 수 있기 때문에 하의보다는 상의의 컬러에 중점을 두고 입는 것이 중요합니다.

남성

첫번째 룩은 상의로 하얀색 반팔 티에 베이지색 니트집업을 매
치해줬고 바지는 연한 청바지를 매치한 후 가방으로는 검은색 백
팩을 신발로는 검은색 컨버스화로 캐주얼한 룩을 연출했습니다.

두번째 룩은 상의로 연한 핑크 반소매티를 청반바지와 매치했고 가방은 검은색 메신저백으로 스포티한 느낌을 연출했습니다.

세번째 룩으로는 하늘색 목티와 하얀색 코듀로이 팬츠를 검은
색 벨트와 함께 매치해줬고 아우터로는 검은색 코트를 매치한
후 검은색 더비슈즈를 더해 포멀한 느낌의 룩을 연출했습니다.

마지막 룩은 상의로 라이트 그린 라운드넥 니트티를, 하의로 배기핏 연청바지를 매치한 후 화이트컬러의 코트와 스니커즈, 그리고 베이지색 머플러에   블랙 크로스백을 매치해 심플하면서도 편안해 보이는 캐주얼룩을 완성시켰습니다.

2. 봄웜톤 (비비드)

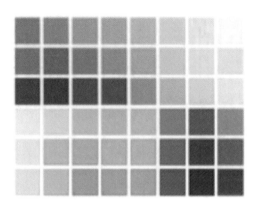

봄웜톤 비비드 색상은 봄웜톤중 가장 밝은 색상으로 채도와 명도 둘 다 높은 특징이 있습니다. 라이트, 브라이트 색상이 부드러운 느낌을 준다면, 비비드는 톡톡 튀면서 상큼한 이미지를 주는 색상입니다. 따라서 명도가 낮은 옷이나 채도가 낮은 옷은 피하는게 좋습니다. 지금부터 여러가지 봄웜톤 비비드 룩들을 살펴보겠습니다.

여성

첫번째 룩은 오렌지컬러의 크롭탑에 데님스커트를, 아우터로 레더 자켓을 함께 매치했습니다. 그리고 아우터의 원단과 통일감을 이루도록 슈즈는 하이탑 레더 워커로, 검은색 하트크로스백을 함께 매치해줬으며 악세사리로 선글라스까지 더해줬습니다.

다음으로는 상의로 비비드 색상의 파란색 반팔티, 하의로는 나비 문양이 들어간 반바지, 그리고 신발은 워커부츠를 매치시켰고 가방으로는 하얀색의 미니 크로스백을 넣어줬습니다. 마지막으로 나비 팬던트 목걸이를 악세사리로 더해 걸리시한 룩을 연출해줬습니다.

세번째 룩은 와이드 청바지에 흰색 크롭티를 매치해줬고 아우
터로는 비비드 빨강색 스타디움 재킷을 더했습니다. 또 신발을
비비드색상으로 매치해서 자켓과 통일감을 줬고 검은색 비니
와 토드백을 함께 매치해 스트릿룩을 연출해줬습니다.

마지막 룩은 흰색 터틀넥 니트에 트위드 소재의 보라색 원피스를 매치해줬고 오버 더 니 양말에 로퍼를 더한 후 아우터로 검은색 코트와 마지막으로 하얀색 숄더백을 매치하여 로맨틱한 느낌의 룩을 연출해줬습니다.

남성

첫번째 룩은 슬렉스 팬츠, 슈즈 모두 검은색 블랙 컬러 통일감
을 이룬 데에, 화이트 컬러의 반소매 이너티와 함께 비비드톤의
오렌지컬러 니트티로 포인트를 주어 심플하지만 밝고 강렬한
룩을 완성시켜 보았습니다.

두번째 룩은 파란색 반소매 티셔츠와 흰색 청바지와 검은색 운동화와 백팩을 매치해 심플하고 캐주얼한 룩을 연출했습니다.

세번째 룩으로는 흰색 셔츠위에 빨간색 베스트 니트를 검은색 데님팬츠와 검은색 구두와 함께 매치해줬습니다.

마지막 룩은 보라색 니트와 베이지색 슬렉스를 더해줬고 검은
색 구두와 코트를 함께 매치해줬습니다.

3. 가을 웜톤 (라이트)

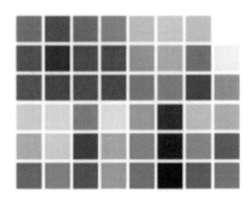

가을 웜톤 라이트는 가을 웜톤중에 특히 채도가 낮으며 쿨뮤트와 소프트색상과는 다르게 명도가 높다는 특징을 가지고 있습니다. 따라서 너무 비비드한 색상의 옷은 피하는걸 추천합니다. 지금부터 가을 웜톤 라이트에 맞는 아웃핏들을 살펴보겠습니다.

여성

가을웜톤 라이트 첫번째 룩은 녹색의 니트와 베이지색 와이드 바지를 매치해줬고 신발과 가방은 검은색으로 매치하여 캐주얼한 느낌의 룩을 연출했습니다.

두번째 룩은 니트 원피스와 브라운색상의 샌들을 매치해줬고 화이트 색상의 미니 크로스백과 머리띠를 더해 러블리한 룩을 연출해줬습니다.

세번째 룩은 브라운색상의 원피스와 검은색 숄더백, 그리고 워
커부츠를 같이 매치해줬고 악세사리로 선글라스를 더해 걸리시
한 룩을 연출했습니다.

마지막 룩은 카멜 색상의 니트와 체크무늬의 미들스커트를 매치해줬고 검은색 레더자켓과 워커부츠를 브라운색 숄더백과 매치하여 빈티지 한 룩을 연출했습니다.

남성

가을웜톤 라이트 첫번째 룩은 녹색 후드티와 베이지색 코튼바지, 그리고 베이지와 초록색이 섞인 스니커즈와 검은색 크로스백을 매치하여 캐주얼 느낌을 연출했습니다.

두번째 룩은 하얀색 반소매티 위에 하늘색 니트베스트를 매치
했고 베이지색상의 데님팬츠를 검은색 신발과 크로스백과 함
께 매치하여 캐주얼한 느낌의 룩을 연출해줬습니다.

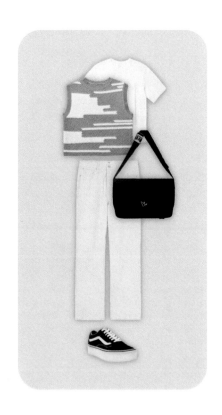

세번째 룩은 브라운색의 셔츠와 코듀로이 바지를 매치했고 검은
색 크로스백과 컨버스화를 매치해 캐주얼한 룩을 연출했습니다.

마지막 룩은 카멜색의 코듀로이 셔츠를 베이지색 목폴라티 위에 함께 매치한 후 브라운색 코트와 데님팬츠, 그리고 검은색 캔버스화를 베이지색 크로스백과 함께 매치했습니다.

4. 가을 웜톤 (쿨뮤트)

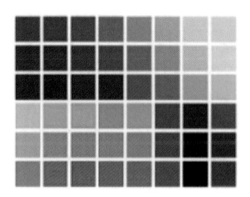

명도가 낮고 채도가 높기때문에 비비드하고 명도가 높은 색상의 옷을 피하는 것을 추천합니다. 그럼 지금부터 다양한 가을웜톤 쿨뮤트 아웃핏들을 살펴보겠습니다.

여성

첫번째 룩은 보라색 니트에 무늬가 있는 데님팬츠와 검은색 워커 그리고 실버 크로스백을 포인트로 매치하여 스트릿 느낌의 룩을 연출했습니다.

두번째 룩은 파란색 미니원피스에 하얀색 가디건과 숄더백 그리고 워커를 함께 매치하여 걸리시한 느낌의 룩을 연출했습니다.

세번째 룩은 초록색 니트와 베이지색 카고팬츠를 검은색 신발
과 숄더백을 함께 매치하여 스트릿 느낌의 룩을 연출했습니다.

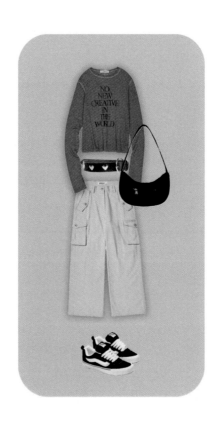

마지막 룩은 주황색 반소매 니트를 베이지색 와이드 슬렉스와 브라운색의 숄더백, 그리고 로퍼를 함께 매치해 포멀하지만 개성있어보이는 룩을 연출했습니다.

남성

첫번째 룩은 이너로 흰색 반팔티에 보라색 가디건을 검은색 데 님팬츠와 매치했고 하얀색 스니커즈와 함께 매치해줬습니다.

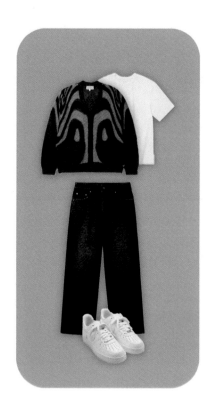

두번째 룩은 파란색 반소매 티셔츠와 검은색 와이드 숏 데님 팬츠와 회색 신발, 그리고 크로스백을 함께 매치하여 캐주얼한 룩을 연출했습니다.

세번째 룩은 초록색 긴 소매 티와 데님 팬츠 그리고 검은색 크로스백을 브라운색 부츠와 함께 매치해줬습니다.

마지막 룩은 검은색 반소매 티셔츠위에 주황색 가디건을 매치해주고 검은색 데님 팬츠를 검은색 구두와 선글라스와 같이 매치해줬습니다.

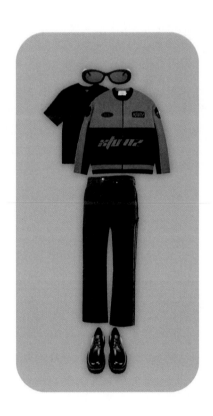

5. 가을 웜톤 (소프트)

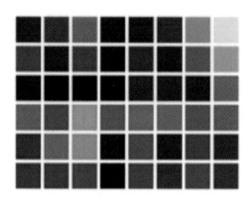

소프트 색상은 명도가 매우 낮은 색이므로 비비드 색상 같은 밝은 색상과의 매치를 피하는 것이 좋습니다. 그럼 지금부터 다양한 가을웜톤 쿨뮤트 아웃핏들을 살펴보겠습니다.

여성

첫번째 룩은 검은색과 어두운 초록색이 섞인 니트 후드티를 검은색 데님팬츠와 매치해준 후 검은색 크로스백과 체크무늬가 들어가있는 컨버스화를 더해줬습니다.

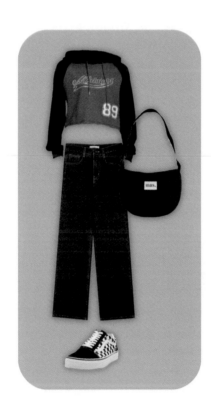

두번째 룩은 흰색 크롭 반팔티 위에 보라색 민소매 탑을 매치해 준 후 검은색 미니 스커트와 숄더백을 로퍼와 함께 매치해줬습니다.

세번째 룩은 파란색 니트에 체크무늬가 있는 데님 팬츠를 함께 매치해줬고 하얀색 스니커즈와 검은색 토드백으로 보이시한 룩을 연출했습니다.

마지막 룩은 버건디 긴소매 티와 브라운색의 데님팬츠를 매치
해줬고 검은색 어그부츠와 숏패딩을 더해줬습니다.

남성

첫번째 룩은 녹색 후트티와 회색 스웨트팬츠를 연회색 스니커스
와 검은색 백팩을 함께 매치하여 캐주얼한 룩을 연출했습니다.

두번째 룩은 어두운 보라색 반소매티와 검은색 슬렉스와 크로스백 그리고 컨버스화를 함께 매치해서 깔끔한 느낌의 룩을 완성했습니다.

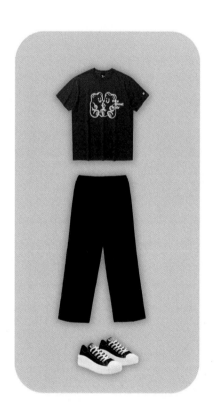

세번째 룩은 하얀색 반소매티 위에 어두운 파란색의 가디건을
검은색 데님팬츠와 함께 매치해줬고 베이지색 스니커즈와 검은
색 크로스백도 더해줬습니다.

마지막 룩은 버건디 니트와 검은색 스키니 데님팬츠를 매치해
줬고 베이지색 워커부츠와 아우터로 레더재킷을 더해줬습니다.

6. 여름쿨톤 (라이트 & 쿨뮤트)

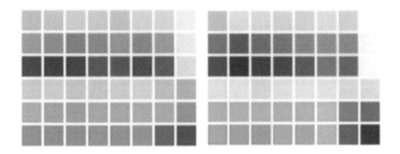

여름쿨톤은 전체적으로 높은 명도를 가지고 있는 색상들로 이루어져 있으므로 가을웜톤 쿨뮤트 같은 색상의 어두운 색들을 피하는 것을 추천합니다.

여성

첫번째 룩은 초록색 긴소매 티셔츠를 데님미니스커트와 매치한 후 하얀색 스니커즈를 매치했습니다.

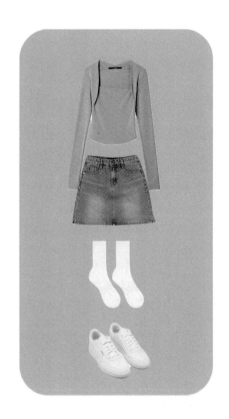

두번째 룩은 연노란색 원피스와 하얀색 숄더백 그리고 워커부
츠를 더해 걸리시한 느낌의 룩을 연출했습니다.

세번째 룩은 무늬가 들어간 보라색 민소매 니트원피스와 검은
색 숄더백, 그리고 부츠를 함께 매치해줬습니다.

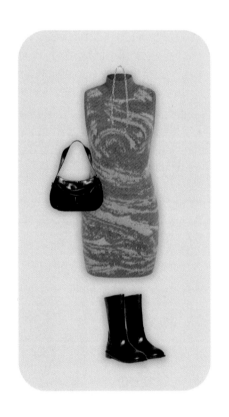

마지막 룩으로 어두운 핑크색의 니트를 하얀색 무늬가 있는 데
님팬츠와 매치해준 후 검은색 스니커즈와 비니를 더해줬고 아
우터로 검은색 숏 패딩을 매치해 스트릿룩을 연출했습니다.

남성

첫번째 룩은 민트색 맨투맨과 회색 스웨이트 팬츠를 흰색 스니
커즈와 함께 매치했고 검은색 백팩도 함께 더해줬습니다.

두번째 룩은 연노란색 반소매 티와 데님 숏팬츠를 함께 매치한 후 하얀색 스니커즈와 검은색 슬링백을 매치하여 캐주얼한 느낌의 룩을 연출했습니다.

다음으로 세번째 룩은 보라색 후드티를 검은색 데님팬츠와 매치
해줬고 검은색 로퍼를 더해 스트릿 느낌의 룩을 연출했습니다.

마지막 룩으로는 라이트 핑크 니트를 회색 슬렉스와 함께 매치
해줬고 검은색 구두와 코트를 더해 포멀한 느낌의 룩을 연출했
습니다.

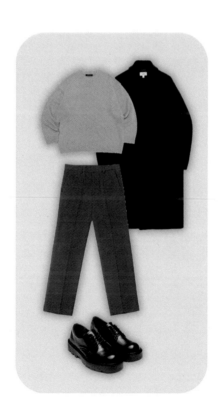

7. 여름쿨톤 (소프트)

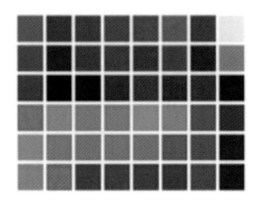

여름쿨톤 소프트 색상은 채도가 높고 명도가 낮은 색상으로 연한 색상이나 비비드한 색상의 옷을 피하는 것이 좋습니다.

여성

첫번째 룩은 어두운 민트색 긴소매 티셔츠에 검은색 스웨트팬
츠를 매치했고 실버색상의 백팩으로 포인트를 준 룩입니다.

두번째 룩은 어두운 파란색 크롭탑에 데님 스커트를 매치했고
흰색 에코백과 컨버스화를 함께 매치했습니다.

세번째 룩은 회색 원피스에 검은색 미니 크로스백과 로퍼를 매
치하여 걸리시한 느낌의 룩을 연출했습니다.

마지막 룩은 핫핑크색의 후드티를 검은색 스웨트팬츠를 핫 핑
크색 가방과 함께 매치한 후 아우터는 검은색 숏 패팅을 더해줬
습니다.

남성

첫번째 룩은 민트색의 스포티한 긴소매 티셔츠와 검은색 스웨
트팬츠를 매치했고 연회색 백팩을 매치해줬습니다.

두번째 룩은 어두운 파란색 반팔 셔츠에 데님 숏 팬츠와 남색 로고가 들어간 스니커즈를 매치했습니다.

세번째 룩은 핫핑크색 맨투맨과 검은색 스웨트팬츠를 매치해줬고 검은색 패딩을 더해줬습니다.

8. 겨울쿨톤 (딥톤)

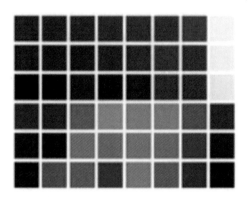

겨울쿨톤 딥톤 색상은 채도가 높고 명도가 낮은 색상으로 가을 웜톤 라이트나 봄웜톤 라이트같은 색상들이 들어간 옷은 피하는것이 좋습니다.

여성

첫번째 룩은 네이비 색상의 니트와 흰색 데님팬츠를 매치해줬고 하얀색 숄더백과 네이비색 컨버스화도 더해줬습니다. 악세사리도 선글라스도 추가했습니다.

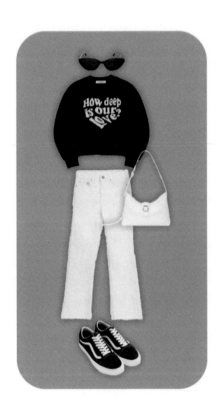

두번째 룩은 진한 초록색의 반소매 크롭티와 베이지색 카고팬
츠를 매치해줬고 초록색 로고에 포인트가 들어간 스니커즈와
검은색 숄더백을 추가해줬습니다.

세번째 룩은 청록색의 니트를 레더 스커트와 함께 매치해준 후 검은색 부츠와 포인트가 되는 실버색 숄더백을 추가했습니다.

마지막 룩은 검은색 미니원피스와 롱부츠 그리고 코트와 크로
스백으로 올블랙 룩을 연출했습니다.

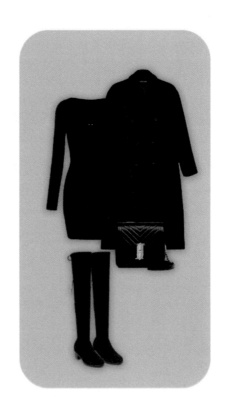

남성

첫번째 룩은 진한 청색의 셔츠를 검은색 데님팬츠와 검은색 워커와 함께 매치해준 후 악세사리로 뿔테안경을 추가해줬습니다.

두번째 룩은 진한 초록색의 반팔티와 데님 숏팬츠를 매치해 준 후 검은색 로고의 스니커즈와 스링백을 매치했습니다.

세번째 룩은 연한 청록색의 니트와 네이비색상의 데님팬츠를
검은색 구두와 함께 대치해줬습니다.

마지막 룩은 검은색 니트와 데님팬츠 그리고 자켓과 크로스백
을 매치하여 올블랙 스트릿 느낌의 룩을 연출했습니다.

9. 겨울쿨톤 (클리어톤)

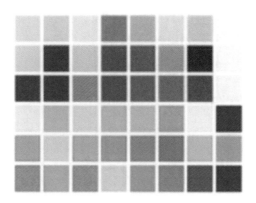

겨울쿨톤 클리어톤 색상은 대부분 명도가 높은 색상으로 가을 웜톤 소프트색상이 들어간 옷은 피하는 것이 좋습니다. 그럼 지금부터 다양한 겨울쿨톤 클리어톤 룩들을 살펴보겠습니다.

여성

첫번째 룩은 검은색 후드원피스와 워커부츠 그리고 숄더백을
매치하여 걸리시한 느낌의 룩을 완성했습니다.

두번째 룩은 연파랑색 크롭 반팔티와 하얀색 롱스커트를 하늘
색 스니커즈와 함께 매치했고 실버 백팩으로 포인트를 준 룩입
니다.

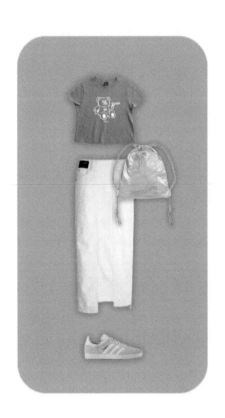

세번째 룩은 레몬색의 긴팔 니트와 데님팬츠 네이비색 컨버스
화와 함께 매치했고 파란색의 숄더백을 함께 매치하여 캐주얼
한 느낌의 룩을 연출했습니다.

마지막 룩은 보라색 목티에 검은색 뷔스티에 원피스를 숏코트
와 함께 매치해줬고 검은색 로퍼와 숄더백을 더해 걸리시한 느
낌의 룩을 연출했습니다.

남성

첫번째 룩은 검은색 가디건과 데님팬츠 그리고 구두와 미니 크로스백을 올블랙으로 매치했습니다.

두번째 룩은 하늘색 반팔티와 네이비색 숏팬츠 그리고 흰색 스니커즈를 매치했고 가방은 네이비 색상의 크로스백을 더했습니다.

세번째 룩은 긴팔 셔츠 위에 레몬색 니트베스트를 매치한 후 회색 슬렉스와 하얀색 컨버스화 그리고 검은색 크로스백으로 캐주얼한 느낌의 룩을 완성했습니다.

네번째 룩은 보라색 카라니트에 베이지색 코튼 팬츠를 매치해 줬고 검은색 코트와 베이지색 스니커즈를 더해 룩을 완성했습 니다.

겨울쿨톤 (브라이트)

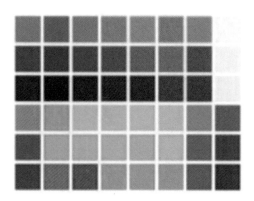

겨울쿨톤 브라이트 색상은 대부분 채도가 높은 색상으로 가을
웜톤 소프트 색상이나 봄웜톤 라이트 색상이 들어간 옷은 피하
는 것이 좋습니다. 그럼 지금부터 다양한 겨울쿨톤 브라이트 룩
들을 살펴보겠습니다.

여성

첫번째 룩은 초록색 미니 원피스와 크롭청자켓을 함께 매치해 줬고 하얀색 컨버스화와 크로스백을 더해 캐주얼한 느낌의 룩을 연출했습니다.

두번째 룩은 핑크색 반팔티와 데님 숏팬츠를 검은색 스니커즈
와 매치해줬고 검은색 숄더백을 더해 보이시한 느낌과 스포티
한 느낌의 룩을 연출했습니다.

세번째 룩은 레몬색 반팔 니트와 회색 와이드 슬렉스를 매치했고 검은색 구두와 숄더백을 더해 포멀한 느낌의 룩을 연출했습니다.

마지막 여성룩은 회색 니트와 체크무늬의 스커트를 롱부츠와
함께 매치한 후 검은색 코트와 가방을 더했고 베레모로 포인트
를 줘서 러브리한 느낌을 연출했습니다.

남성

첫번째 룩은 초록색 반소매 티와 청자켓을 회색 스웨트 팬츠와 함께 매치해줬고 네이비 로고가 있는 스니커즈를 더해 캐주얼한 룩을 연출했습니다.

두번째 룩은 핑크색 반팔티와 검은색 카고 숏팬츠를 매치해줬고 검은색 로고의 스니커즈와 검은색 캡모자를 더해 룩을 완성했습니다.

세번째 룩은 노란색 니트베스트와 연한 색상의 데님 팬츠를 매치했고 검은색 구두를 더해 룩을 완성했습니다.

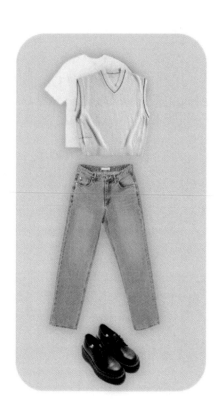

마지막 룩은 회색 니트와 검은색 슬렉스, 구두, 코트를 매치하여
포멀한 느낌의 룩을 연출했습니다.

제2장

옷 재질의 종류와 특성

Texture

혹시 어떤 옷을 구입할지 고민할 때 옷의 재질에 대해서 생각해 본 경험이 있나요?

아마 한번쯤 생각해 본 적이 있을 겁니다. 옷의 재질은 우리가 옷을 입었을 때의 느낌과 분위기에 영향을 미칩니다. 실크나 쉬폰과 같은 부드러운 재질의 옷은 우아하고 고급스러운 느낌을 강조할 수 있고, 면이나 린넨과 같은 자연섬유 재질은 캐주얼하고 자연스러운 분위기를 연출할 수 있습니다. 또 옷의 재질은 착용감에 직접적인 영향을 미치기 때문에 잘 알아 두면 자신에게 가장 편안하고 계절에 알맞는 옷을 고르기가 훨씬 수월합니다.

그럼 지금부터 섬유의 특성과 그 재질의 옷을 이용한 아웃핏을 소개해보도록 하겠습니다.

1. 옷 재질의 종류와 특성

1) 면(Cotton)

면(Cotton)은 식물인 목화의 종자에서 추출한 섬유를 사용하여 만들어집니다. 대중적으로 많이 사용되는 자연 섬유 중 하나로, 매우 부드럽고 착용감이 좋습니다. 또 통기성이 뛰어나며 내구성이 높아 오래 입을 수 있습니다. 그리고 섬유 자체의 특성상 매우 피부 친화적이며, 알레르기 반응이 적습니다. 하지만 물에 젖으면 힘을 잃기 때문에 흡수성은 좋지만 빨리 마르지 않습니다.

2) 울(Wool)

울(Wool)은 양털이나 염소털 등의 동물털을 가공하여 만든 원단으로, 부드럽고 촉감이 좋으며 탄력성, 내구성과 보온성이 뛰어납니다. 그래서 겨울철 외출용 코트나 스웨터 등에 많이 사용됩니다. 또 흡습성도 뛰어나서 땀을 흡수하고, 냄새를 방지합니다. 그리고 울 자체가 기본적으로 방수성을 가지고 있기 때문에 비가 오더라도 일시적으로 젖어도 바로 말릴 수 있다는 장점이 있지만 세탁 및 관리가 어려운 원단입니다.

3) 실크(Silk)

실크(Silk)는 누에고치로부터 얻어지는 섬유로 부드럽고 매끈한 표면으로, 고급스러운 느낌을 줍니다. 또 가벼우면서도 튼튼하며 흡수성과 순도가 높은 섬유로, 피부에 자극이 적습니다. 하지만 수축 가능성이 있으며, 유지보수가 어려워 손쉬운 세탁이 어렵습니다. 시원하고 통기성이 좋아서 여름철에는 많이 선호되며, 겨울에는 보온성이 뛰어나서 목도리나 스카프, 잠옷 등으로 많이 사용됩니다.

4) 린넨(Linen)

린넨(Linen)은 아마줄기로부터 얻어지는 천연 섬유 원단 중 하나입니다. 고급스러운 느낌과 자연적인 느낌이 동시에 느껴지기 때문에 유행하지 않는 클래식한 스타일을 좋아하는 사람들에게 인기가 있습니다. 흡수력과 통기성이 뛰어나서 땀을 잘 흡수하여 건조한 상태를 유지할 수 있습니다. 린넨은 특유의 깔끔한 표면감과 미세한 굵기 차이 때문에 텍스처가 풍부합니다. 하지만 다른 섬유에 비해 더욱 취약하고 탄력성이 낮아서 일반적으로 다른 섬유보다 유지보수가 어렵습니다.

5) 폴리에스터(Polyester)

폴리에스터(Polyester) 는 인공 섬유 중 하나로, 폴리머로 만들어진 재질입니다. 다양한 산업에서 사용되며, 가성비가 뛰어나고 내구성이 좋으며 다양한 색상과 패턴으로 제작할 수 있어 의류 산업에서 매우 인기 있는 재질 중 하나입니다. 폴리에스터는 높은 내구성을 가지고 있으며 물에 잠기거나 땀을 많이 흘리더라도 빠르게 건조되는 장점도 있습니다. 또 정전기가 발생하기 쉽고, 열에 약한 재질입니다. 그리고 폴리에스터는 다른 섬유와 혼합하여 사용되기도 하여 다양한 속성을 부여할 수 있습니다.

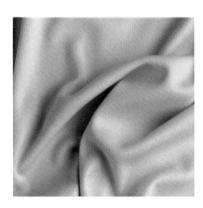

6) 나일론(Nylon)

나일론(Nylon) 은 인공 섬유 중 하나로, 폴리아미드(Polyamide)
라는 열가소성 고분자 소재를 사용하여 제조됩니다. 다양한 산
업에서 사용되며, 특히 내구성이 좋고 가벼우며 빠른 건조 등의
장점으로 인기가 있습니다. 또한, 탄력이 좋고 다양한 형태로 가
공이 가능하며, 장시간 착용해도 변형이 없는 튼튼한 소재입니
다. 하지만 나일론은 통기성이 떨어지기 때문에 여름철에는 불
편할 수 있습니다. 나일론은 폴리에스터와 같이 다른 섬유와 혼
합하여 사용되기도 하며   방수 처리를 하면 비가 오는 날에도
입을 수 있어 기능성 의류로 많이 사용됩니다.

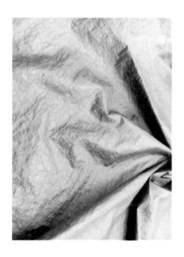

7) 레이온(Rayon)

레이온(Rayon)은 인공 섬유 중 하나로, 목재, 면화, 대나무 등 천연 섬유 소재를 가공하여 만들어집니다. 부드러우면서도 흡수성이 뛰어나고 피부에 자극이 적으며, 가볍고 시원한 착용감이 있어 여름철 의류로 많이 사용됩니다. 하지만 레이온은 손관리가 필요하다는 단점이 있습니다. 세탁 시에는 손세탁이나 드라이클리닝이 필요하며, 기계 세탁 시에는 옷이 늘어나거나 변형될 수 있어 매우 조심스러워야 합니다. 레이온은 다른 섬유와 혼합하여 사용할 수 있으며, 혼방율에 따라 속성이 달라질 수 있습니다.

8) 캐시미어(Cashmere)

캐시미어(Cashmere)는 카슈미어 양이라는 특정한 종의 양털에서 얻어지는 고급 원단입니다. 보온성이 뛰어나고 고급스럽고 부드러운 터치감을 가지고 있습니다. 이러한 특성 때문에 캐시미어 제품은 비싼 가격으로 유명하며, 대중적인 소재는 아닙니다. 캐시미어 제품을 사용할 때에는 보관과 세탁에 주의가 필요합니다. 일반적으로 가디건, 스웨터, 코트 등의 아우터웨어에 사용되며, 따뜻하고 편안한 착용감을 제공합니다.

9) 스판덱스(Spandex)

스판덱스 (Spandex)는 탄성이 높은 인공 섬유로, 유연성이 뛰어나고 튼튼합니다. 스판덱스는 스포츠웨어, 레깅스, 수영복, 언더웨어 등 다양한 의류에서 사용되며, 편안한 착용감과 적절한 압축감을 제공합니다. 또 스판덱스는 좋은 복원력과 내구성을 가지고 있어 변형이 적습니다. 하지만, 스판덱스는 다른 섬유와 혼합하여 사용되는 경우가 대부분이기 때문에, 100% 스판덱스 제품은 드물며, 일부 사용자들은 스판덱스에 대한 알러지 반응이 있을 수도 있습니다.

10) 코듀로이(Corduroy)

코듀로이(Corduroy)는 면, 폴리에스터, 레이온 등 다양한 소재로 만들어지는 느낌있는 재질입니다. 변형된 비스듬한 띠 모양의 새로운 직물을 여러 겹으로 쌓아 놓고 그 중간을 자르는 방식으로 만들어집니다. 보통 겨울철 의류로 많이 사용되며, 두께감이 있어 보온성이 뛰어나며, 내구성이 좋아 오래 사용할 수 있습니다.

11) 플리스(Fleece)

플리스(Fleece)는 따뜻한 층간 공간을 만들어주는 느낌있는 소재로, 보통 폴리에스터로 만들어집니다. 보온성이 높아 추운 날씨에 많이 사용되며, 스포츠웨어나 아웃도어 제품에서도 널리 사용됩니다. 플리스는 물이 잘 흡수되지 않으며, 건조가 빠르기 때문에 땀을 많이 흘리는 활동에서도 효과적입니다. 플리스는 가볍고 부드러우며, 내구성이 좋아 오랫동안 사용할 수 있습니다. 플리스는 또한 다른 소재와 함께 혼용하여 다양한 제품을 생산하고 있으며, 최근에는 친환경적인 소재로도 인기가 높아지고 있습니다.

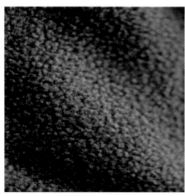 

12) 트위드(Tweed)

트위드(Tweed)는 스코틀랜드과 아일랜드 지역에서 유래된 울 원단으로, 양털이나 털과 함께 섞여 만들어집니다. 겨울철의 대표적인 소재로, 비가 많이 오는 지역에서도 많이 사용됩니다. 트위드는 짜임이 빽빽하고 탄력성이 높아 내구성이 좋으며, 비교적 두껍고 무게감이 있어 따뜻하게 입을 수 있습니다. 트위드는 직물에서 자주 볼 수 있는 체크무늬나 더듬이무늬 디자인으로 제공되며, 자연스러운 색상으로 제공되기도 합니다. 트위드는 오래된 전통적인 소재이지만, 최근에는 다양한 색상과 디자인으로 발전하여 새로운 패션 아이템으로도 인기가 있습니다.

13) 스웨이드(Suede)

스웨이드(Suede)는 소가죽의 가죽 바닥면을 연마하여 얻은 부드러운 촉감을 지닌 가죽 소재입니다. 보통 신발, 가방, 자켓, 팬츠 등 다양한 의류나 악세서리에서 사용되며, 부드러움과 고급스러움을 동시에 느낄 수 있습니다. 스웨이드는 면보다 내구성이 뛰어나고, 가죽보다 부드러우며 가볍기 때문에 착용감이 좋습니다. 스웨이드는 비교적 고가의 소재이지만, 부드러운 질감과 고급스러운 느낌 때문에 많은 사람들에게 인기가 있습니다.

2. 옷 재질별 코디

1) 면(Cotton)

첫번째, 여성 룩은 면소재를 사용한 원피스에 샌들과 함께 매치
해서 여성스러운 룩을 연출했습니다.

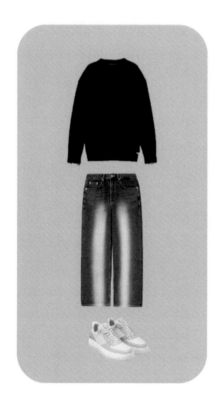

두번째, 남성 룩은 면스웨터를 와이드 데님팬츠와 함께 매칭시
켜 편안하면서 스타일리시한 룩을 연출했습니다.

2) 울(Wool)

여성 룩으로는 울 원피스와 검은색 부츠와 함께 매치하여 여성
스러우면서 편안한 룩을 완성했습니다.

남성 룩으로는 터틀넥니트와 검은색 스키니 데님팬츠를 매칭시
킨 후 아우터로 울코트를 더해 겨울철에 적합한 룩을 완성했습
니다.

3) 실크

첫번째, 여성 룩은 실크소재의 미니 원피스와 시스루 목티, 스타킹을 워커와 함께 매치하여 걸리시한 분위기의 룩을 연출했습니다.

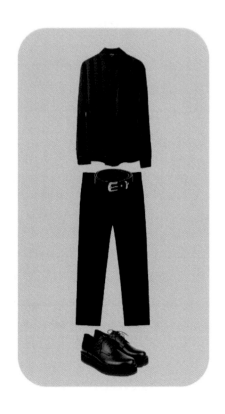

두번째, 남성 룩은 실크소재의 셔츠와 검은색 슬렉스를 함께 매치시켜 깔끔한 분위기를 연출했습니다.

4) 린넨

첫번째, 여성 룩은 핑크색 브라탑에 숏팬츠를 매치하고 아우터
로 린넨 소재의 셔츠를 더해 캐주얼한 룩을 연출했습니다.

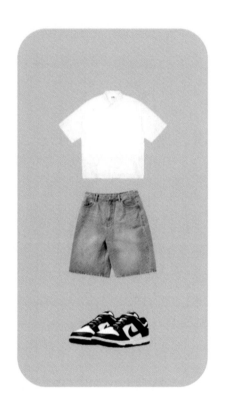

두번째, 남성 룩은 하얀색 린넨 소재의 반소매 셔츠에 데님 숏팬
츠를 매치하여 깔끔하고 캐주얼한 룩을 연출했습니다.

5) 폴리에스터

여성 룩으로는 오렌지색상의 폴리에스터 반소매 니트와 검은
색 플레어 스커트를 로퍼와 함께 매치시켜 걸리시한 분위기의
룩을 연출했습니다.

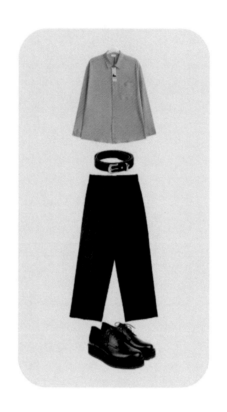

남성 룩으로는 베이지 색상의 폴리에스터 셔츠와 슬랙스, 그리
고 구두를 매치해 포멀한 느낌의 룩을 연출했습니다.

6) 나일론

첫번째, 여성 룩으로는 검은색 나일론 반소매 셔츠와 데님 숏팬츠를 샌들과 함께 매치해 캐주얼한 룩을 연출했습니다.

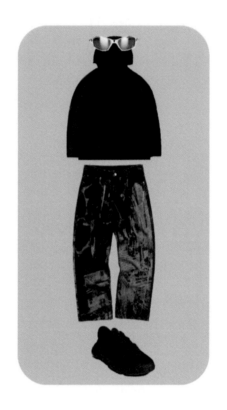

두번째, 남성 룩으로는 검은색 나일론 점퍼에 무늬가 있는 검은
색 와이드 데님을 실버색상의 선글라스와 함께 매치하여 편하
지만 스타일리쉬한 느낌의 룩을 완성했습니다.

7) 레이온

여성 룩으로는 레이온 소재의 셔츠와 플리츠 스커트를 로퍼와
함께 매치해서 걸리쉬한 분위기의 룩을 연출했습니다.

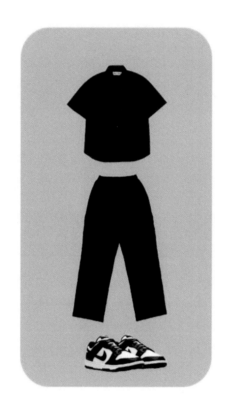

남성 룩으로는 레이온 소재의 남색 반소매 셔츠와 검은색 카고 팬츠를 매치해서 편안하고 캐주얼한 분위기의 룩을 완성했습니다.

8) 캐시미어

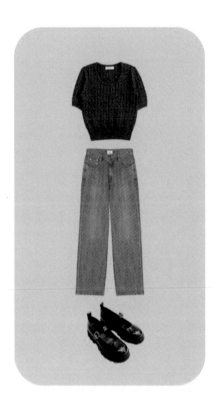

여성 룩으로는 캐시미어 소재의 반소매 니트와 스트레이트 데
님팬츠를 로퍼와 매치했습니다.

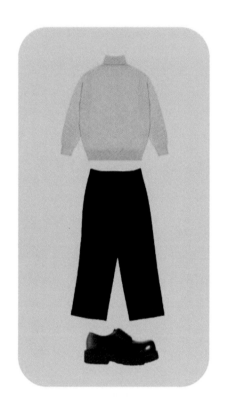

남성 룩으로는 캐시미어 소재의 터틀넥 니트와 슬랙스 를 매치
해서 포멀한 분위기의 룩을 완성했습니다.

9) 스판덱스

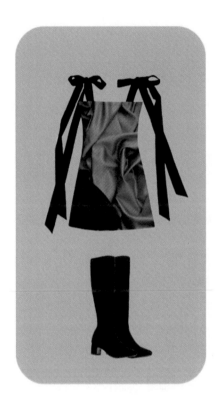

첫번째, 여성 룩은 스판덱스와 다른 섬유가 혼방된 미니드레스
와 롱부츠를 매치해서 걸리시한 느낌의 룩을 완성했습니다.

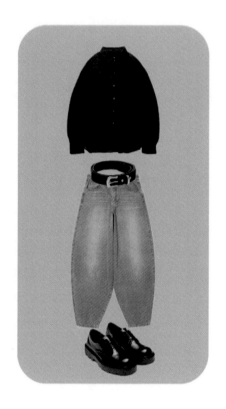

두번째, 남성 룩은 스판덱스와 다른 섬유가 혼방된 레이스 셔츠와 와이드 데님팬츠를 매치하여 댄디한 느낌의 룩을 연출했습니다.

10) 코듀로이

첫번째, 여성 룩은 코듀로이 스타디움 재킷을 미니스커트와 매
치한 후 레그워머 를 검은색 스니커즈와 함께 매치하여 걸리쉬
한 룩을 연출했습니다.

두번째, 남성 룩은 베이지 색상의 니트와 코듀로이 팬츠를 캔버스화와 함께 매치하여 캐주얼한 느낌의 룩을 완성했습니다.

11) 플리스

첫번째 룩은 플리스소재의 후드티와 스웨트 팬츠를 매치시켜
따뜻하고 편안한 룩을 완성했습니다.

두번째 룩은 플리스소재의 아우터와 스웨트 팬츠를 매치해 왼쪽룩처럼 따뜻하고 편안한 룩을 연출했습니다.

12) 트위드

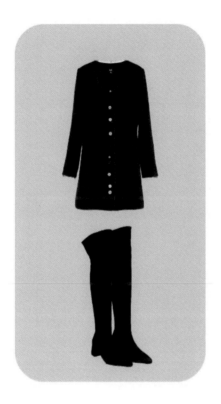

여성 룩으로는 트위드 소재의 미니원피스와 롱부츠를 매치하
여 우아한 로맨틱한 분위기의 룩을 연출했습니다.

남성 룩으로는 검은색 셔츠위에 트위드 소재의 자켓을 슬렉스
와 함께 매치시켜 댄디한 느낌의 룩을 완성했습니다.

13) 스웨이드

첫번째 룩은 검은색 스웨이드 자켓과 스키니진을 부츠와 함께
매치시켜 아메리칸 캐주얼 룩을 연출했습니다.

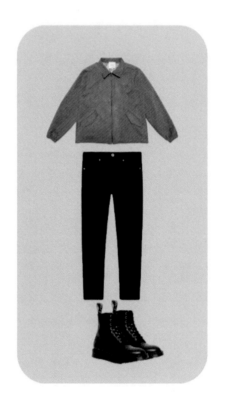

두번째 룩은 브라운 색상의 스웨이드 자켓과 블랙 스키니진을 워커와 함께 매치시켜 아메리칸 캐주얼 느낌의 룩을 연출했습니다.

제3장

체형별 코디법

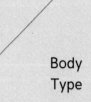

Body
Type

자신의 체형에 맞게 아웃핏을 선택하면 많은 장점들이 있는데요. 우선 신체의 비례와 균형을 강조할 수 있습니다. 각자의 체형은 다르기 때문에 옷을 선택할 때 자신의 체형의 장점을 부각시키고, 단점을 가려낼 수 있는 옷을 선택하면 더 스타일리시하고 자신의 개성을 살릴 수 있는 핏을 연출할 수 있습니다. 그럼 지금부터 다양한 체형들과 그 체형에 맞는 아웃핏들을 소개해보도록 하겠습니다.

다양한 체형종류와 특징

1) 여성

여성체형의 종류에는 삼각형, 역삼각형, 원형, 사각형, 모래시계 이렇게 다섯가지 종류가 있습니다. 모두 다르지만 각각 아름답고 예쁜 체형의 장점을 살릴 수 있는 코디방법을 찾아보세요.

(1) 삼각형 체형

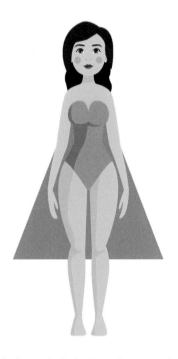

여성의 삼각형 체형은 어깨와 가슴이 좁고 엉덩이와 허벅지가 넓은 형태를 말합니다. 상체와 하체의 비대칭적인 비율을 갖고 있으며, 상체를 강조하고 하체의 비율을 조절하여 균형을 맞추는 스타일링이 중요합니다.

첫번째로 삼각형 체형에서는 어깨와 가슴 부분을 강조하여 상체의 비중을 늘리는 것이 도움이 됩니다. 셔츠나 블라우스에서 어깨 패드가 있는 디자인을 선택하거나, 레이스가 있는 상의를 선택하여 어깨 너비를 강조할 수 있습니다. 또한, 어깨라인이 자신의 어깨보다 적당히 오버된 핏의 옷을 선택하면 어깨가 넓어 보이는 효과를 줄 수 있습니다.

두번째로 허리를 조절하여 하체의 비율을 조절할 수 있습니다. 삼각형 체형에서는 허리를 잘록하게 보이도록 스타일링 하는 것이 좋습니다. 허리 라인을 강조할 수 있는 벨트를 사용하거나 허리를 잡아주는 디자인의 원피스나 드레스를 선택하는 것이 좋습니다.

세번째로 하체가 넓은 특성을 가진 삼각형 체형에서는 하체를 어느정도 가려주는 코디를 하는 것이 좋습니다. 플레어 스커트나 A라인 스커트, 스트레이트나 와이드 팬츠 등 하체를 가려주고 비율을 조절해주는 스타일의 하의를 선택해보세요. 하체에 시선이 가게 되는 밝은 색상의 하의는 피해야 하고 하체가 많이 드러나는 스키니팬츠와 쇼츠는 비 추천 합니다.

왼쪽 룩은 허리가 강조되어 있는 검은색 원피스에 롱부츠를 함께 매치했습니다.

오른쪽 룩은 와이드숄더 빅카라 어깨패드 버튼 커프스 셔츠 블라우스와 와이드 데님 팬츠를 슬링백과 함께 매치하여 시크한 룩을 완성했습니다.

(2) 역삼각형 체형

Inverted triangle

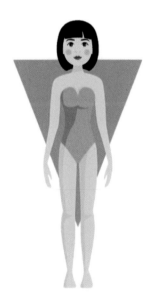

여자의 역삼각형 체형은 어깨와 가슴이 넓고 허리와 엉덩이가 좁은 형태를 말합니다. 상체의 비율이 더 크고 하체가 상대적으로 작은 특징을 가지고 있으며, 이러한 체형을 가진 여성들은 하체를 강조하고 상체의 비중을 조절하여 균형을 맞추는 스타일링이 중요합니다.

첫번째로 역삼각형 체형에서는 하체를 강조하여 상체와 하체의 비율을 조절하는 것이 중요합니다. 플레어 스커트나 A라인 스커트, 와이드 레그 팬츠와 같은 하의를 선택하면 엉덩이와 허벅지 부분을 강조할 수 있습니다. 또 하체를 드러내거나 밝은 색상의 하의를 착용해서 시선이 아래쪽으로 향하도록 해주세요. 이러한 스타일의 하의는 하체에 볼륨 감을 주어 넓은 어깨와 균형을 맞추어 줍니다.

두번째로 역삼각형 체형에서는 어깨 부분이 상대적으로 넓은 특징을 가지고 있습니다. 네크 라인이 깊고 좁은 U 나 V라인 상의를 착용해서 어깨가 좁아 보이는 효과를 주세요. 주의해야 할 것은 네크 라인이 파진 정도나 체형에 따라 다르게 보일 수 있다는 점입니다. 같은 라인이라도 자신에게 어울리는지 잘 확인하고 입는 것을 추천합니다. 또 어깨선이 정확히 나누어져 있고 레이스나 퍼프가 없는 상의를 착용해서 상체로 시선이 오는 것을 피하세요. 어깨 라인을 부각시킬 수 있도록 디자인된 상의나 드레스를 선택하면 어깨가 좁아 보이는 효과를 줄 수 있습니다.

왼쪽룩은 A라인으로 떨어지고 V넥 라인을 가지고 있는 청원피스를 캔버스화와 함께 매치하여 캐주얼한 느낌의 룩을 연출했습니다.

오른쪽 룩은 A라인 청스커트에 짧은 기장의 어깨선이 정확히 나누어져 있는 자켓을 구두와 함께 매치해 걸리쉬한 느낌의 룩을 연출했습니다.

(3) 원형 체형

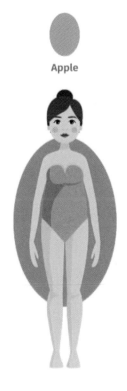

Apple

여자의 원형 체형은 허리가 적게 구분되고 전체적으로 둥근 형태를 가지는 체형을 말합니다. 특히 허리와 엉덩이 부분이 비슷한 넓이를 가지며, 허리가 부각되지 않는 특징을 가지고 있습니다. 이러한 체형을 가진 여성들은 몸의 곡선을 부각시키고 비율을 조절하는 스타일링이 중요합니다.

첫번째로 원형 체형에서는 허리를 강조하여 몸의 곡선을 부각시키는 것이 중요합니다. 허리가 잘록하게 보이도록 벨트나 타이를 활용하거나, 허리선이 잡힌 디자인의 드레스나 상의를 선택하는 것이 좋습니다. 이때 가장 발달된 허리 중간부분보다는 살짝 가슴 쪽으로 올려서 착용하는 것을 추천합니다. 허리 라인을 강조함으로써 몸의 비율을 조절하고 신축성을 주는 효과를 얻을 수 있습니다.

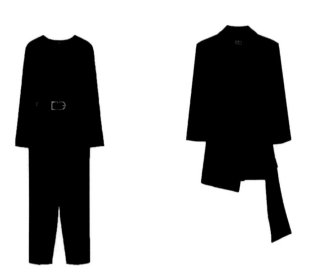

두번째로 원형 체형에서는 하체를 부각시키지 않고 비율을 조절하는 것이 중요합니다. A라인 스커트나 드레스, 와이드 레그 팬츠와 같이 살짝 여유가 있는 핏의 스타일을 선택하여 다리가 길어보이는 효과를 줄 수 있습니다. 복부가 확대되어 보이는 레이어드, 주름진 스커트, 하이웨스트 스타일은 피하는 것이 좋습니다.

세번째로 원형 체형에서는 목선을 강조하여 시선을 상단으로 유도하는 것이 좋습니다. V넥 라인이 있는 상의나 드레스를 선택하면 얼굴과 상체를 세로로 연장시켜주어 몸의 비율을 조절하는 효과를 얻을 수 있습니다. 또한, 목선을 강조하는 액세서리를 활용하는 것도 좋은 방법입니다. 또한 상하의의 색상을 맞춘 셋업이나 상체에 포인트르 주는 색상의 옷을 착용하는 것도 추천합니다.

왼쪽 룩은 V 넥라인이 있고 허리선이 살짝 잡힌 플레어 원피스
와 하얀 슬링백을 함께 매치해서 로맨틱한 분위기의 룩을 완성
했습니다.

오른쪽 룩은 둥근 체형에 알맞은 검은색 린넨 슬렉스와 자켓으
로 셋업 스타일을 완성했고 하얀색 스니커즈와 매치해 포멀하
면서 편한 느낌의 룩을 완성했습니다.

(4) 사각형 체형

Rectangle

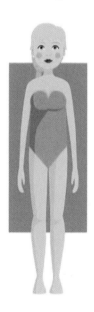

여자의 사각형 체형은 어깨, 허리, 엉덩이가 비슷한 넓이를 가지며, 몸의 라인이 직사각형처럼 일정한 형태를 가지는 체형을 말합니다. 사각형 체형은 곡선이 부족하고 직선적인 실루엣을 가지고 있으며, 몸의 비율을 조절하여 여성스러움을 강조하는 스타일링이 필요합니다.

첫번째로 사각형 체형에서는 볼륨과 텍스처를 활용하여 몸의 곡선을 부각시킬 수 있습니다. 프릴이나 러플, 플리츠와 같은 디테일이 있는 상의나 스커트를 선택하면 몸의 선을 부드럽게 만들어주어 여성스러운 느낌을 줄 수 있습니다. 또한, 볼륨감 있는 소재를 선택하는 것도 좋은 방법입니다.

두번째로 사각형 체형에서는 하체를 부각시켜 곡선을 만들어주는 것이 좋습니다. A라인 스커트나 드레스, 와이드 레그 팬츠와 같은 하의를 선택하면 엉덩이와 허벅지 부분을 강조할 수 있습니다. 이러한 스타일의 하의는 하체의 비율을 늘리고 여성스러운 실루엣을 연출할 수 있습니다.

세번째로 사각형 체형 에서는 허리를 부각시켜 곡선을 만들어 주는 것이 중요합니다. 허리가 잘록해 보이도록 벨트나 타이를 활용하거나, 허리선이 잡힌 디자인의 드레스나 상의를 선택하는 것이 좋습니다. 허리를 강조하여 몸의 비율을 조절하고 여성스러움을 더해줄 수 있습니다.

왼쪽 룩은 어깨에 퍼프가 들어있는 블라우스와 하얀 에이라인 스커트를 매치해줬고 라임색 크로스백을 더해 상큼하고 로맨틱한 느낌의 룩을 연출했습니다.

오른쪽 룩은 어깨에 퍼프가 들어있는 티셔츠와 검은색 와이드 팬츠를 워커부츠와 함께 매치해서 걸리시한 느낌의 룩을 연출했습니다.

(5) 모래시계 체형

여자의 모래시계 체형은 상체와 하체의 비율이 균형있고 허리가 잘록하게 들어가며 가슴과 엉덩이가 풍부한 곡선을 가지는 체형을 말합니다. 이 체형은 여성스러운 실루엣을 가지고 있으며, 몸의 비율을 잘 강조할 수 있는 체형입니다.

첫번째로 모래시계 체형에서는 몸의 곡선을 잘 부각시킬 수 있는 타이트한 핏과 실루엣이 잘 어울립니다. 몸의 라인을 잘 따라주는 옷이나 몸을 감싸주는 피부칭신 소재의 옷을 선택하면 여성스러운 실루엣을 연출할 수 있습니다.

두번째로 모래시계 체형에서는 목선을 강조하여 시선을 상체로 유도하는 것이 좋습니다. V넥 라인이 있는 상의나 드레스를 선택하면 얼굴과 상체를 세로로 연장시켜주어 몸의 비율을 조절하는 효과를 얻을 수 있습니다.

세번째로 모래시계 체형에서는 허리를 강조하고 하체의 곡선을 부각시킬 수 있는 하이웨이스트 스타일의 바지나 H라인 스커트를 선택하는 것이 좋습니다. 허리에서 시작되는 하의는 다리의 길이를 더욱 길어 보이게 하고 몸의 비율을 조절해줍니다.

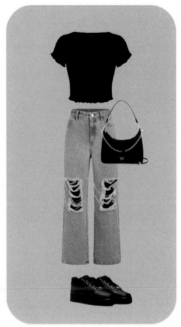

왼쪽 룩은 검은색 오프숄더 원피스에 검은색 하이힐을 매치하여 우아한 느낌의 룩을 연출했습니다.

오른쪽 룩은 검은색 U 넥라인 반팔 니트와 데님 하이웨스트 팬츠를 함께 매치한 후 검은색 스니커즈를 더해 걸리쉬한 느낌의 룩을 완성했습니다.

2) 남성

남성 체형종류도 여성 체형종류와 마찬가지로 삼각형, 역삼각형, 원형, 사각형, 모래시계형 이렇게 5가지 종류의 체형들이 있습니다. 모두 다르지만 각 체형의 매력과 장점을 살릴 수 있는 자신에게 맞는 코디법을 찾아보세요.

(1) 삼각형 체형

Pear

삼각형 남성 체형은 어깨가 좁고 허리와 엉덩이가 넓은 형태를 가진 체형을 말합니다. 상체와 하체의 비율이 불균형하며, 역삼각형이라고도 불리는 이 체형은 어깨 부분을 강조하여 몸의 비율을 조절하는 스타일링이 필요합니다.

첫번째로 삼각형 체형에서는 어깨를 강조하여 상체의 비율을 조절하는 것이 중요합니다. 어깨 패드가 있는 옷이나 오버핏 디자인의 재킷이나 셔츠를 선택하여 어깨 부분을 강조할 수 있습니다. 이를 통해 어깨의 가로 너비를 강조하고 몸의 비율을 조절할 수 있습니다.

두번째로 삼각형 체형에서는 하체가 상체에 비해 넓은 경우가 많습니다. 어깨가 좁은 체형은 하체를 슬림하게 만들어 상체와 하체의 비율을 맞춰야 합니다. 따라서 슬림핏의 팬츠가 가장 이상적인 코디를 만들 수 있습니다. 어두운 컬러와 밑단까지 꺾이는 브레이크 없이 곧게 뻗은 실루엣이 다리를 길어 보이게 합니다.

세번째로 삼각형 체형에서는 패턴과 색상을 활용하여 시선을 어깨로 유도하는 것이 좋습니다. 어깨 부분에 주목을 끌 수 있는 스트라이프나 체크 패턴의 상의를 선택하거나, 상체에 밝은 색상이나 인상적인 패턴을 사용하여 어깨가 넓어 보이는 착시 효과를 줄 수 있습니다.

왼쪽 룩은 스트라이프 무늬가 있는 브이넥 반소매 셔츠에 스트
레이트 데님팬츠를 하얀색 스니커즈와 함께 매치했습니다.

오른쪽룩은 스트레이트핏의 슬렉스에 회색니트 그리고 아우터
를 체크무늬가 있는 오버핏 코트를 매치했습니다.

(2) 역삼각형 체형

Inverted triangle

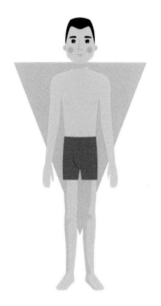

역삼각형 남성 체형은 어깨가 넓고 허리와 엉덩이가 좁은 형태를 가진 체형을 말합니다. 상체의 비율이 크고 하체의 비율이 작아 보이는 이 체형은 역삼각형이라고도 불립니다. 역삼각형 체형을 가진 남성들은 어깨를 강조하고 하체를 보완하는 스타일링이 필요합니다.

첫번째로 역삼각형 체형에서는 어깨의 넓이와 하체의 비율을 맞춰야 합니다. 브이넥라인 니트를 선택하여 라인은 시선을 넥라인을 따라 중간으로 모아주는 효과가 있어서 어깨가 좁아 보이는 효과를 줄 수 있습니다. 또 세로 스트라이프 셔츠를 착용하면 어깨가 넓어 보이기 보다는 세로로 길어 보이는 효과를 줍니다. 그리고 어깨가 더 넓어 보이게 하는 오버핏 옷은 비 추천 합니다.

두번째로 역삼각형 체형에서는 하체가 비교적 좁아 보일 수 있으므로 하체를 강화하는 스타일링이 필요합니다. 일반적으로 와이드 또는 스트레이트 핏의 바지나 팬츠를 선택하여 하체에 볼륨을 더해줄 수 있습니다. 슬림핏보다는 조금 더 여유 있는 핏을 선택하는 것이 좋습니다.

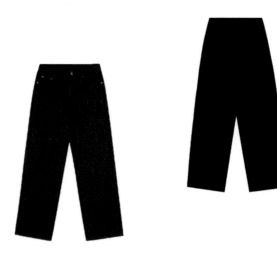

왼쪽 룩은 브이넥 니트에 와이드 베이지색상의 슬랙스를 캔버스화와 함께 매치하여 캐주얼한 룩을 연출했습니다.

오른쪽 룩은 세로 스트라이프 반소매 셔츠에 검은색 슬랙스를 스웨이드 구두와 함께 매치했습니다.

(3) 원형 체형

Apple

남성 원형 체형은 허리가 상대적으로 둥글고 넓으며, 상체와 하체의 비율이 비교적 균등한 형태를 말합니다. 특히 복부가 튀어나와 허리 부분이 둥글게 보이는 특징이 있습니다. 원형 체형을 가진 남성들은 몸의 중심에 볼륨이 쏠리기 때문에 상체와 허리를 잘 조절하여 실루엣을 균형 있게 보이도록 스타일링해야 합니다.

첫번째로 원형 체형에서는 허리를 강조하여 실루엣을 조절하는 것이 중요합니다. 벨트를 활용하거나 상의를 하의에 넣는 스타일링을 해서 허리 부분을 강조해주는 것이 좋습니다. 이를 통해 허리와 상체의 비율을 조절하고 몸의 비율을 개선할 수 있습니다.

두번째로 원형 체형에서는 너무 타이트한 옷은 피해야 합니다. 이러한 스타일링은 몸의 굴곡을 강조하여 원형 체형을 더욱 부각시킬 수 있습니다. 적당한 와이드 핏의 팬츠를 함께 매치해서 상체와 허리를 잘 조절하여 균형 있는 실루엣을 연출해야 합니다.

왼쪽룩은 검은색 반소매 티셔츠와 스트레이트 핏의 데님팬츠
와 벨트를 구두와 함께 매치하여 깔끔한 룩을 연출했습니다.

오른쪽룩은 네이비색상의 셔츠와 베이지 색상의 슬랙스를 컨버
스와 함께 매치했습니다.

(4) 사각형 체형

Rectangle

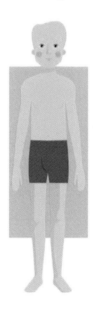

남성 사각형 체형은 어깨와 허리, 엉덩이가 비교적 균형있는 형태를 가진 체형을 말합니다. 상체와 하체의 비율이 비슷하고 몸의 실루엣이 직사각형에 가까운 형태를 갖고 있습니다. 사각형 체형을 가진 남성들은 상체와 하체의 균형을 유지하고 실루엣을 조절하는 스타일링이 필요합니다.

첫번째로 사각형 체형에서는 어깨를 강조하여 상체의 선명한 실루엣을 연출하는 것이 좋습니다. 어깨 패드가 있는 재킷이나 어깨라인이 큰 오버핏 상의를 선택하여 어깨 부분을 강조할 수 있습니다. 또한, V넥이나 깊은 넥라인의 상의를 선택하여

두번째로 사각형 체형에서는 허리를 조절하여 실루엣에 변화를 주는 것이 중요합니다. 상의를 하의에 넣어 스타일링을 하거나, 허리에 벨트를 착용하여 허리를 강조하는 것이 좋습니다. 이를 통해 허리와 상체의 비율을 조절하고 실루엣을 더욱 잘 보이도록 할 수 있습니다.

세번째로 사각형 체형은 타이트한 스키니팬츠보다는 스트레이트나 와이드 팬츠를 선택하여 골반부분에 볼륨을 주는 것이 중요합니다.

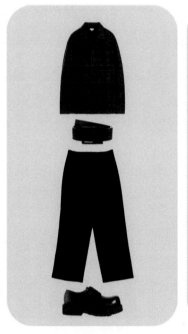

왼쪽룩은 v넥의 셔츠와 벨트를 슬렉스와 함께 매치하여 허리를
강조하여 매치했습니다.

오른쪽은 보라색 반소매티에 와이드 데님팬츠를 하얀색 스니커
즈와 함께 매치하여 캐주얼한 느낌의 룩을 연출했습니다.

(5) 모래시계 체형

Hourglass

남자 모래시계 체형은 어깨와 엉덩이가 비교적 넓고, 허리가 좁아 실루엣이 모래시계 모양과 유사한 형태를 가진 체형을 말합니다. 이 체형은 상체와 하체의 비율이 균형있고 허리가 잘 드러나는 매력적인 실루엣을 갖고 있습니다. 남자 모래시계 체형을 가진 분들은 몸의 비율과 실루엣을 살리는 스타일링이 중요합니다.

첫번째로 모래시계 체형에서는 허리를 강조하여 실루엣을 더욱 강조하는 것이 좋습니다. 허리가 잘 드러나는 디자인의 옷이나 벨트를 활용하여 허리를 강조해주는 것이 좋습니다. 이를 통해 체형의 아름다움을 더욱 부각시킬 수 있습니다.

두번째로 상체와 하체의 균형을 잘 유지하기 위해 타이트한 상의와 와이드한 하의를 조합해보세요. 타이트한 상의는 상체의 모양을 잘 감싸주고, 와이드한 하의는 엉덩이와 허벅지를 자연스럽게 감싸줌으로써 균형을 잘 맞출 수 있습니다.

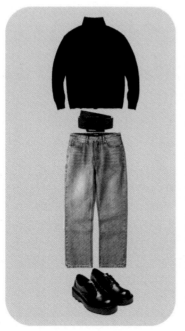

왼쪽룩은 타이트한 검은색 터틀넥 니트에 와이드 데님팬츠를
벨트와 함께 매치해 깔끔한 룩을 연출했습니다.

오른쪽룩은 살짝 여유 있는 반소매 니트에 와이드 슬랙스를 벨
트와 함께 매치하여 댄디한 느낌의 룩을 연출했습니다.

제4장

쇼핑 플랫폼 및 쇼핑몰 추천

Shopping
Platform

쇼핑 플랫폼의 장점과 쇼핑몰의 분위기, 스타일 등을 소개하고 있습니다. 옷을 어디에서 구매해야 할지 모르겠을때, 원하는 무드의 옷을 찾고싶을때 참고해보세요.

(1) 여성 쇼핑몰 및 플랫폼

1) 에이블리

ABLY

에이블리는 스타일별/연령대별로 검색이 가능하고 옷을 고를 때 도움이 되는 커뮤니티도 구성이 되어있습니다. 상황별로 다른 사람들이 어떻게 옷을 입었는지도 확인 할 수 있습니다. 또 옷 뿐만 아니라 주얼리, 문구류 등 다양한 제품을 구매할 수 있으며 무료배송에 샥 출발이라는 배송 서비스도 있습니다.

2) 브랜디

브랜디는 다양한 시즌 별 카테고리가 나누어져 있어 시즌별로 저렴한 옷이 필요할 때 이용하면 좋습니다. 하나만 사도 무료배송이고 빠른 배송시간이 장점입니다. 무드별 스타일별 카테고리도 잘 나누어져 있습니다. 나이대는 20대 초반분들에게 초점이 맞추어져 있는 플랫폼입니다.

3) 지그재그

다양한 쇼핑몰을 한곳에서 빠르게 많이 볼 수 있다는 장점이 있습니다. 카테고리가 세분화 되어있으며 쇼핑몰 외에도 브랜드 입점이 되어있어 동시에 볼 수 있습니다.

4) w컨셉

20~30대 여성이 많이 사용하는 플랫폼으로 트렌드를 한눈에 볼 수 있습니다. 질 좋은 아이템들이 많고 가격대 좋은 제품부터 고가까지 라인업이 잘 되어있습니다. 또 뷰티 아이템들까지 다양하게 볼 수 있습니다.

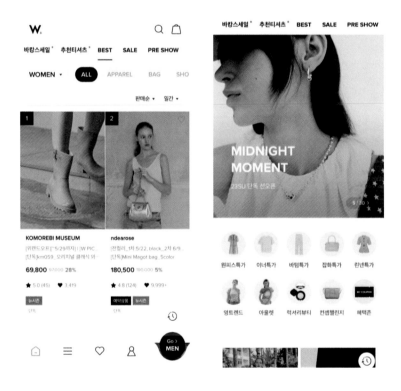

5)   EQL

EQL

MZ세대들에게 핫한 브랜드들이 들어가있고 에센셜 라인에서
는 무채색의 기본 아이템들을 질 좋게 좋은 가격으로 구매할
수 있습니다.

6) 무신사

전연령대를 아우르는 쇼핑몰이며 캐주얼과 스트릿 아이템들이 많고 무신사 스탠다드에서 깔끔하고 베이직한 아이템들을 볼 수 있습니다. 또 다양한 아이템들을 굉장히 많이 볼 수 있다는 장점이 있습니다. 또 코디숍과 브랜드 스냅 등이 있어서 옷을 구매할 때나 어떻게 입어야 할 지 고민이 될 때 참고할 수 있습니다.

7) 컴프렌치

COME, FRENCH

전체적으로 무난한듯 감성적인 룩들이 있으며 여리여리한 포인
트를 살린 옷들이 많고 봄시즌 아이템들이 예쁜 브랜드입니다.

8) 라룸

LAROOM

모던, 베이직, 미니멀, 시크한 무드를 가지고 있는 브랜드 입니다.
기본아이템의 퀄리티나 핏이 전체적으로 좋습니다.

9) 루루서울

LOULOUSEOUL

러블리함에 힙함, 로맨틱, 하이틴 무드를 더한 브랜드 입니다. 핏도 예쁘고 패턴도 유니크합니다. 매치하기 좋은 아이템들을 상세페이지에서 소개해줘서 코디할 때 참고하기 좋다는 장점도 있습니다.

[🔥8천장판매🔥 MADE]
Midnight Sun Dress
KRW 52,000

[MADE] Red Pansy Dress
당일출고 가능
KRW 56,000

10) 블랙업

BLACKUP

트렌디함을 꽉 잡고 있고 동시에 캐주얼과 합한 무드도 가지고
있는 브랜드 입니다. 퀄리티 대비 가격이 괜찮은 곳입니다. 편한
제품들도 많아서 대학생 분들에게도 추천하는 브랜드 입니다.

11) 오어유

or-u

모던하면서 깔끔하고 데일리한 옷들을 가지고 있으며 트렌디보다는 스테디하게 이용할 수 있는 아이템들이 많습니다.

(2) 남성 쇼핑몰 및 플랫폼 추천

1) 맨인스토어

MANIN STORE

가격부담이 적고 무난하게 트렌드를 잘 잡는 곳으로 유명합니다.
편안하고 기본에 충실한 베이직한 제품을 찾는 사람에게 추천!

2) 썸남

Ssumenam

남친룩 느낌의 룩을 연출할 수 있으며 편하고 캐주얼한 느낌의
옷을 구매할 수 있는 쇼핑몰 입니다.

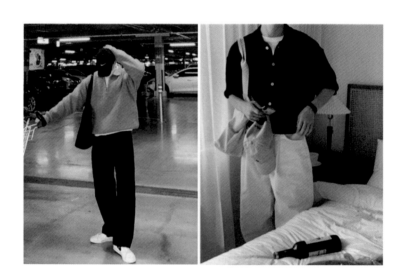

3) 바우로

BOWLOW

클래식하고 세련된 남성미가 느껴지는 쇼핑몰입니다. 주요 상
품들은 셔츠, 니트, 슬렉스, 머슬핏 등의 깔끔한 아이템들로 구
성 되어있습니다. 30대나 20대 분들 중에 성숙한 느낌을 주고
싶은 분들에게 추천합니다.

4) 애즈클로

ASCLO

오버사이즈 데일리 룩 위주의 쇼핑몰이며 남친 룩을 연출하고
싶으신 분들에게 추천합니다.

5) 유루이

SHOP
YURUE

캐주얼하고 베이직 하면서도 감각적인 무드가 살아있는 쇼핑몰입니다. 전체적인 느낌을 보면 미니멀, 캐주얼, 스트릿 이렇게 다양한 무드가 섞여 있습니다. 키가 좀 작으신 분들도 잘 소화할 수 있는 옷들로 구성되어 있습니다.

6)   디서먼트

DISCERNMENT

합리적인 가격으로 높은 퀄리티의 옷을 구매할 수 있으며 감각
적이고 트렌디한 무드의 스타일의 옷을 볼 수 있습니다.

7) 무신사

전연령대를 아우르는 쇼핑몰이며 캐주얼과 스트릿 아이템들이 많고 무신사 스탠다드에서 깔끔하고 베이직한 아이템들을 볼 수 있습니다. 또 다양한 아이템들을 굉장히 많이 볼 수 있다는 장점이 있습니다. 또 코디숍과 브랜드 스냅 등이 있어서 옷을 구매할때나 어떻게 입어야할 지 고민이 될 때 참고할 수 있습니다.

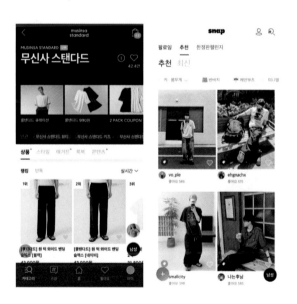

마치며

옷을 입을때 물론 자신의 퍼스널컬러, 소재, 그리고 체형에 맞춰서 입는것도 정말 좋은 방법이지만 무엇보다 중요한건 내 마음에 드는 옷이냐 입니다. 누가 뭐라고 해도 마음에 들면 다 입으세요. 그게 자신을 빛나게 할 수 있는 최고의 방법이니까요!

옷으로 나를 가장 빛나게 하는 3가지 방법

발행일 | 2023년 10월 23일

지은이 | 박혜원
펴낸이 | 마형민
편   집 | 임수안, 박소현
펴낸곳 | (주)페스트북
주   소 | 경기도 안양시 안양판교로 20
홈페이지 | festbook.co.kr

ISBN 979-11-6929-391-4 13590
값 17,000원

* (주)페스트북은 '작가중심주의'를 고수합니다. 누구나 인생의 새로운 챕터를 쓰도록 돕습니다. Creative@festbook.co.kr로 자신만의 목소리를 보내주세요.